KB249066

왜 오줌을 싸요?

왜 오줌을 싸요?

에밀리 듀프레인 글
이계순 옮김
서영균 감수

왜
오줌을
싸요?

차례

이렇게 밑줄이 그어진 단어의 뜻은 26쪽에 있어요.

오줌이 마렵나요?

제자리에서 깡충깡충 뛰며
화장실을 찾고 있나요? 아무래도
오줌이 마려운 것 같군요.

오줌이 마려우면 딴생각이 잘
나지 않아요. 그런데 혹시 이런
생각을 해 본 적이 있나요?

물을 마셔요

사람은 물을 마셔야 살 수 있어요.
우리 몸은 여러가지 일을
한꺼번에 하는데, 물이 있어야
이런 일을 제대로 할 수 있거든요.

음식에는 대부분 물이
들어 있어요.

물을 마셔야 하는 이유는 다음과 같아요.

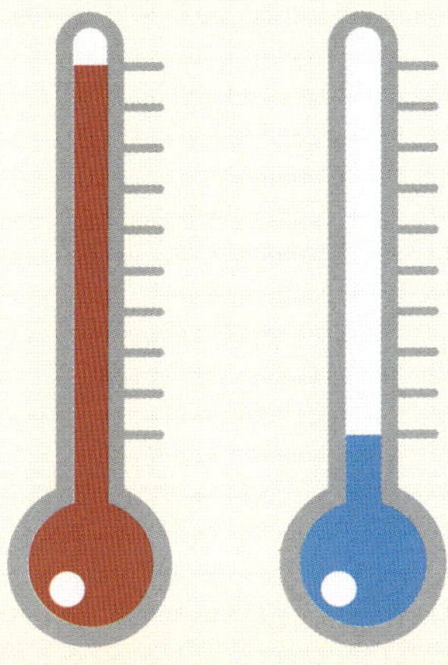

체온을 변하지 않게
지켜 줘요.

몸이 병과
잘 싸우도록
도와줘요.

몸에 필요한 물질을
피에 담아 옮겨 줘요.

사실,
몸속 세포는
물이 있어야 제대로
일할 수 있어요!

비뇨 기관

물을 마시면 오줌이 나와요. 그런데 들어갈 때와 나올 때의 물은
매우 달라요. 우리가 마신 <u>액체</u>는 여러 몸속 <u>기관</u>들을 거친 뒤에 오줌으로
나오지요.

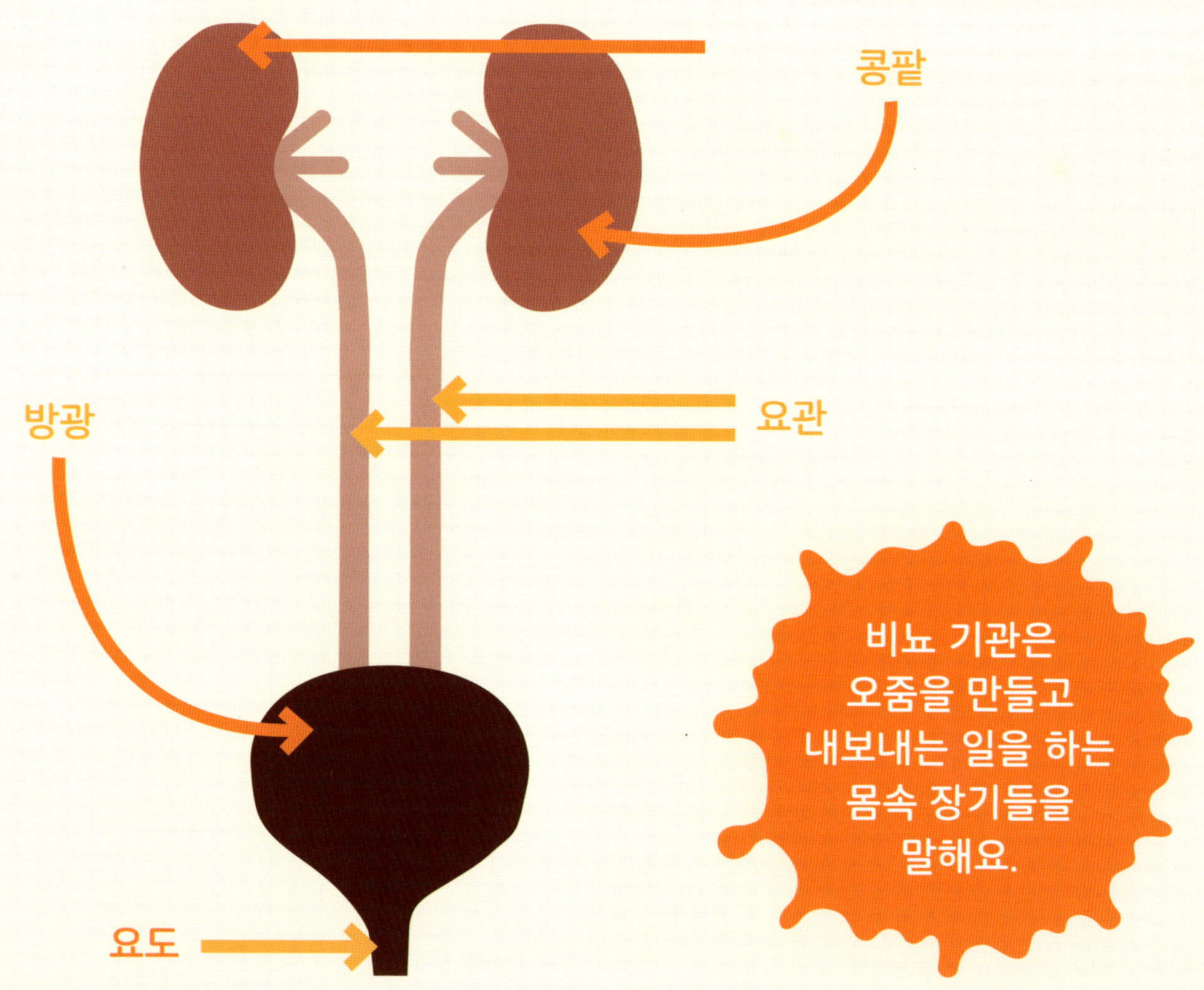

비뇨 기관을 구성하는 장기들은 서로 도와 가며 다음과 같은 것들을 조절해요.

몸속 물의 양
혈압
120
80
우유
칼슘
나트륨
무기질의 균형

오줌이 만들어지기까지

물은 어떻게 오줌이 될까요?

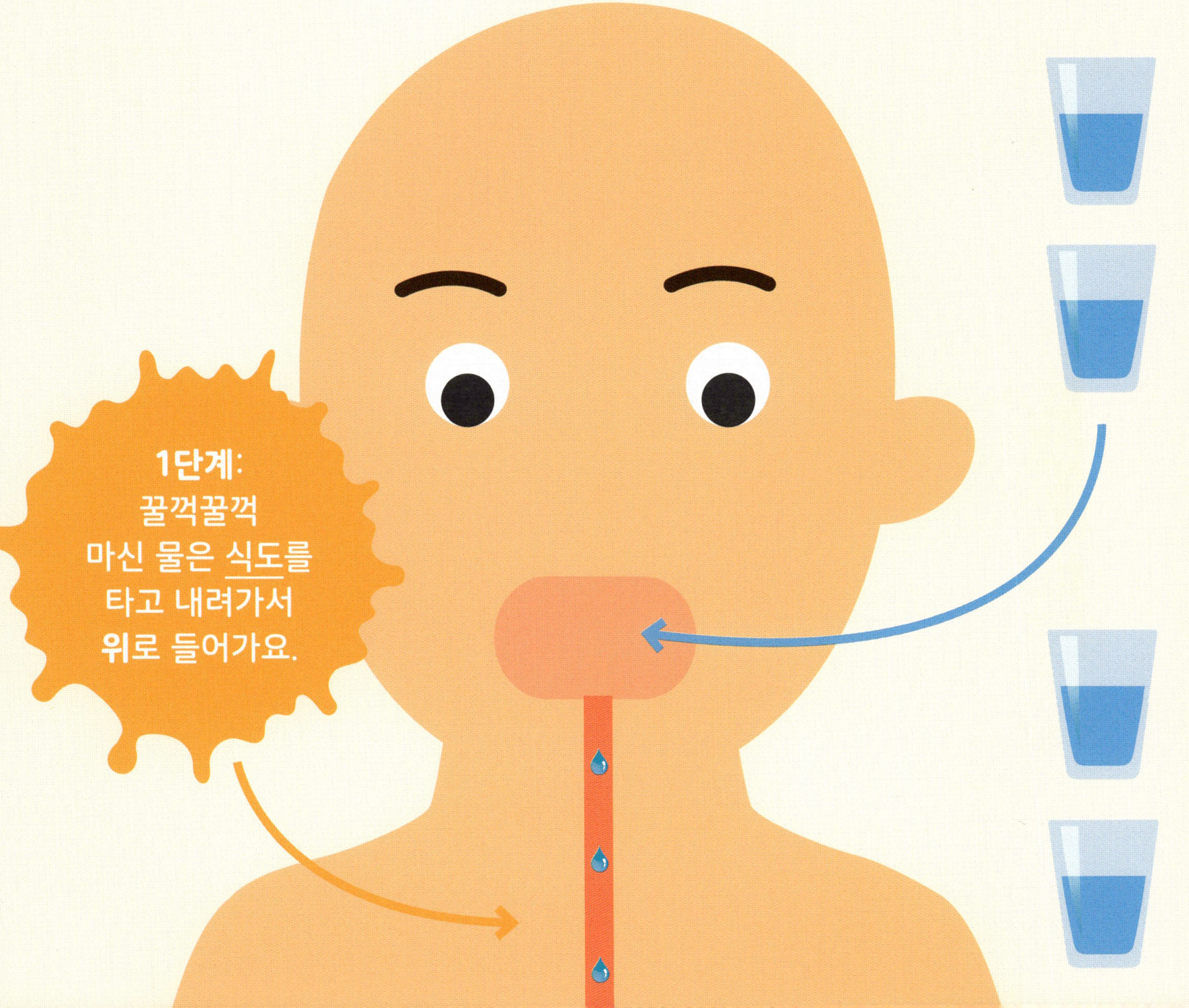

2단계:
위로 들어간 물은
작은창자(소장)로
이동해서 세포와
피로 흡수돼요.

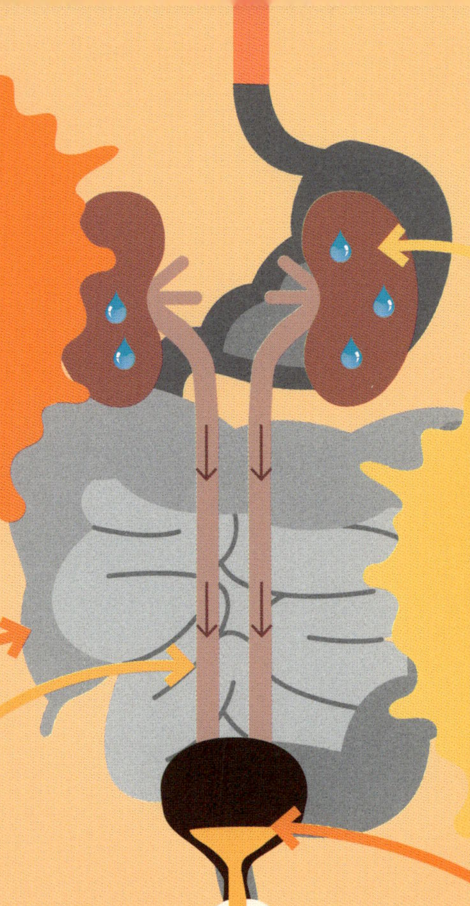

3단계:
피가 **콩팥**(신장)을
거치면서 남은 물과
필요 없는 찌꺼기가
피에서 걸러져요.

4단계:
피에서 걸러진
찌꺼기 액체는
콩팥에서 나와 오줌관을
지나 **방광**으로
들어가요.

5단계:
방광에
고여 있다가
방광이
다 차면…

6단계:
오줌으로
나와요!

오줌과 요소

몸에 있는 안 좋은 것들을
몸 밖으로 내보내려면 물을
많이 마셔야 해요.

물을 하루에 여섯 잔에서
여덟 잔 정도는 마셔야 해요.

몸에서 어떤 음식을 소화할 때 '요소'라는 찌꺼기가 생겨요. 주로 단백질이 많이 들어 있는 음식에서 만들어지지요. 이런 음식에는 육류, 가금류, 유제품이 있어요.

요로 감염과 탈수

오줌이 마려워서 화장실에 갔는데 오줌이 안 나오거나 오줌 누는 데가 아프면, 요로가 <u>감염</u>되었을 수 있어요. 신장, 요관, 방광, 요도를 합쳐서 요로라고 해요.

물을 충분히 마시지 않으면 오줌 색깔이 매우 진해요. 냄새도 심하게 나고요.
몸에 물이 부족해서 <u>탈수</u> 상태에 빠졌다는 뜻이에요.

오줌의 색깔

먹은 음식에 따라 오줌의 냄새와 색이 달라지기도 해요.

아스파라거스를 먹으면 연두색 오줌이 나와요. 냄새가 지독하고요.

 = 

비트를 먹으면 연한 빨간색 오줌이 나와요.

 = 

색소가 들어 있는 음료수나 음식을 먹으면, 색소의 색깔과 비슷한 오줌이 나와요.

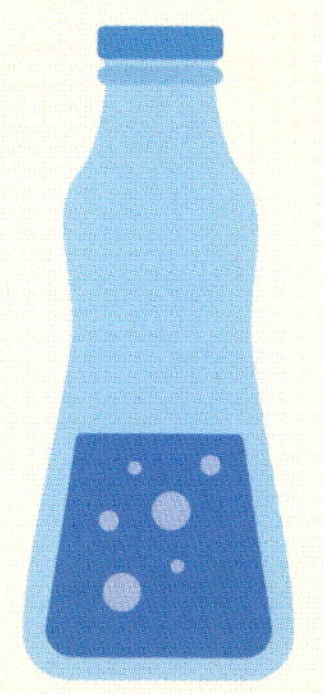 = 

오줌으로 몸이 건강한지를 확인할 수 있어요. 오줌의 색깔과 냄새가 뭔가
이상하다면, 건강에 문제가 생겼을 수 있어요. 이런 오줌이 며칠 동안
계속되면 어른에게 꼭 알려야 해요.

몸속에 물이 얼마나 있나요?

오줌의 색깔을 보면 몸에 물이 얼마나 있는지 알 수 있어요.
아래의 오줌 색깔 도표와 비교해 보아요.

0.

0: 투명한 색

물을 너무 많이 마셨어요.

1.

2.

1-3: 연한 노란색

몸에 물이 적당히 있어요.

3.

여러분의 오줌 색깔은 어떤가요? 몸에 물이 얼마나 있나요?

세상에, 이럴 수가!

로마 시대에는 빨랫비누가
없었어요. 대신 옷을 오줌에
담가 빨았지요! 인간의
오줌도 쓰고, 동물의 오줌도
썼어요.

한 사람이 한 달에 누는 오줌의 양은 욕조를 하나 가득 채울 만큼 돼요.

깜짝 퀴즈

아래의 사람들은 각각 어떤 오줌을 눌까요? 그림을 찬찬히 살펴보세요.

1.
2.
3.
4.
[정답] ㄱ-2 ㄴ-4 ㄷ-1 ㄹ-3

무슨 뜻일까요?

가금류
15쪽

닭이나 오리처럼, 알이나 고기를 먹기 위해 집에서 기르는 새를 말해요.

감염
16쪽

병을 일으키는 바이러스, 세균, 진균, 기생충 같은 병원체가 몸속에 들어가 퍼지는 거예요.

기관
10, 11쪽

우리 몸의 한 부분으로, 일정한 모양을 가지고 특별히 정해진 일을 해요.

무기질
11쪽

칼슘, 나트륨, 마그네슘처럼 우리 몸이 제대로 여러 기능을 하기 위해 필요한 영양소예요.
미네랄이라고도 해요.

식도
12쪽

입과 위를 연결하는 관이에요. 이 관을 통해 음식과 물이 이동하지요.

세포
9, 13쪽

생물을 이루는 기본 단위예요.

액체
10, 13쪽

물처럼 모양이 없고 흘러 움직이는 물질의 상태를 말해요.

체온
9쪽

우리 몸의 온도예요. 온도란 차갑고 뜨거운 정도를 숫자로 나타낸 거예요.

탈수
16, 17, 21쪽

몸에 물이 부족해서 생기는 증상이에요.

혈압
11쪽

피가 혈관을 흐를 때 혈관 벽에 미치는 힘을 말해요.

삐뽀삐뽀 우리 몸

왜 오줌을 싸요?

초판 1쇄 발행 2021년 5월 25일 | **초판 2쇄 발행** 2022년 6월 22일
글쓴이 에밀리 듀프레인 | **옮긴이** 이계순 | **감수** 서영균
펴낸이 홍성우 | **책임 편집** 이정은 | **디자인** 박두레 | **표지 그림** 안태형
펴낸곳 기린미디어 | **등록** 2016년 4월 26일 제 409-2016-000009호
주소 경기도 김포시 모담공원로 17
전화 0505-302-2381 | **팩스** 0505-300-2381 | **전자우편** girinmedia@daum.net

ISBN 979-11-91142-16-7 74470
　　　979-11-91142-11-2 (세트)

*책값은 뒤표지에 표시되어 있습니다.
*파본이나 잘못된 책은 구입하신 곳에서 바꿔드립니다.

품명 아동 도서 | **사용연령** 5세 이상 | **제조국** 대한민국 | **제조년월** 2022년 6월 22일 | **제조자명** 기린미디어
연락처 0505-302-2381 | **주소** 경기도 김포시 모담공원로 17
주의사항 종이에 베이거나 긁히지 않도록 조심하세요. 책 모서리가 날카로우니 던지거나 떨어뜨리지 마세요.
KC마크는 이 제품이 공통안전기준에 적합하였음을 의미합니다.

이미지 출처

셔터스톡, 게티이미지, 싱크스톡포토, 아이스톡포토

표지, p3 : Dmitry Natashin, Nadzin. 모든 페이지마다 사용된 이미지 : Nadzin, TheFarAwayKingdom. p4 : svtdesign. p6-8 : Iconic Bestiary. p9 : svtdesign, johavel, Kanitta Kuha. p10 : LOVE YOU. p11 : Photoroyalty, girafchik, Irina Shatilova. p12-13 : LOVE YOU. p15 : Sudowoodo, girafchik, svtdesign. p16 : svtdesign. p17 : ASAG Studio. p18 : Mountain Brothers, Anatolir. p19 : Photoroyalty. p20-21 : Microba Grandioza. p22 : Macrovector, Iconic Bestiary. p23 : svtdesign, Miuky. p24 : Iconic Bestiary, Mountain Brothers.

글쓴이 에밀리 듀프레인
캐나다에서 작가이자 시인으로 활동하고 있습니다. <일 년 내내> 시리즈와 <환경 문제> 시리즈를 비롯한 수십 권의 어린이 교양 도서를 썼습니다.

옮긴이 이계순
서울대학교를 졸업했고, 인문사회부터 과학에 이르기까지 폭넓은 분야에 관심을 갖고 공부하는 것을 좋아합니다. 좋은 어린이·청소년 책을 우리말로 옮기는 일에 힘쓰고 있습니다. 옮긴 책으로 《캣보이》, 《1분 1시간 1일 나와 승리 사이》, 《말똥말똥 잠이 안 와》, 《지키지 말아야 할 비밀》, <공룡 나라 친구들 시리즈(전11권)> 등이 있습니다.

감수 서영균
서울대학교 의과대학을 졸업한 의학박사, 가정의학과 전문의입니다. KBS <생로병사의 비밀>, 채널A <나는 몸신이다> 등 다수의 프로그램에 출연했습니다. 현재 한림대학교 성심병원 가정의학과 교수입니다.